中华传统文化瑰宝

二十四节气 夏

安城娜 主编

编绘制作

赵春秀 靳学涛 卞兰芝 李 想

安杰民 刘小纯 刘 景 靳学斌

金盾出版社

内容提要

二十四节气是中国古代劳动人民通过观测太阳运动规律，结合长期的劳动经验，认识一年中时令、气候、物候变化所形成的知识体系，是我国宝贵的非物质文化遗产。本书以故事为背景，将夏季的立夏、小满、芒种、夏至、小暑、大暑六个节气有关的天文气象、动植物、七十二候、农事安排、民俗文化、古诗谚语等知识呈现出来，引导孩子跟随二十四节气的脚步观察自然界的变化，领略中国传统节气文化的魅力。

图书在版编目(CIP)数据

二十四节气·夏 / 安城娜主编. —北京 ：金盾出版社，2019.1
（中华传统文化瑰宝）
ISBN 978-7-5186-1549-0

Ⅰ．①二… Ⅱ．①安… Ⅲ．①二十四节气－儿童读物 Ⅳ．①P462-49

中国版本图书馆CIP数据核字(2018)第249737号

金盾出版社出版、总发行
北京太平路 5 号（地铁万寿路站往南）
邮政编码：100036 电话：68214039 83219215
传真：68276683 网址：www.jdcbs.cn
北京凌奇印刷有限责任公司印刷、装订
各地新华书店经销
开本：889×1194 1/16 印张：2.5
2019 年 1 月第 1 版第 1 次印刷
印数：1～5 000 册 定价：14.00 元
（凡购买金盾出版社的图书，如有缺页、
倒页、脱页者，本社发行部负责调换）

立夏

山亭夏日

唐·高骈

绿树阴浓夏日长，
楼台倒影入池塘。
水晶帘动微风起，
满架蔷薇一院香。

lì xià le tiān qì yuè lái yuè rè chūn tiān bō zhòng de nóng zuò wù zài wàng shèng
立夏了，天气越来越热，春天播种的农作物在旺盛

de shēng zhǎng wài gōng wài pó zhèng zài tián li chú cǎo fēi fēi zài tián biān de cǎo cóng
地生长。外公、外婆正在田里除草，菲菲在田边的草丛

li pǎo lái pǎo qù tū rán tā bèi jiǎo xià de yī zhī xiǎo dòng wù xià le yī tiào dà
里跑来跑去，突然她被脚下的一只小动物吓了一跳，大

hǎn dào gē ge nǐ kàn zhè shì shén me
喊道："哥哥，你看这是什么？"

tè tè pǎo guò lái kàn dào yī zhī fēi cháng xiǎo de qīng wā
特特跑过来，看到一只非常小的青蛙。

zhè shì kē dǒu gāng biàn chéng de xiǎo qīng wā tè tè shuō
"这是蝌蚪刚变成的小青蛙！"特特说。

1

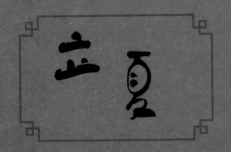

立夏

立夏，表示夏季正式开始了，时间在 5 月 5 日～7 日左右。立夏前后气温快速升高，是农作物进入旺季生长的时节。

太阳到达黄经 45°

※ 记录 ※

请你记录下今年立夏的时间和气温。

今年立夏的时间是：

☐☐☐☐ 年

☐☐ 月 ☐☐ 日

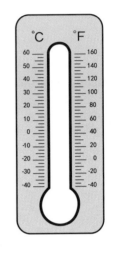

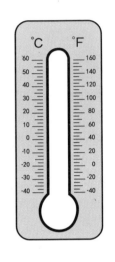

最高气温：＿＿℃　　最低气温：＿＿℃

※ 芍药花开 ※

芍药花品种很多，既有单瓣的，也有复瓣的；颜色有红色、粉色、白色、蓝色、黄色、绿色、紫色等。芍药花与牡丹花非常相似，但也有一定的区别。芍药花比牡丹花开的时间晚一些，因此，人们常把芍药花与牡丹花搭配在一起种植，这样可以延长园林的花期。

※ 谚语 ※

立夏麦龇牙，一月就要拔。

bàng wǎn tè tè hé fēi fēi zài huái shù xià nà liáng yī zhèn fēng chuī guò jǐ duǒ huái huā piāo luò xià lái qí zhōng yī duǒ qià hǎo luò zài
　　傍晚，特特和菲菲在槐树下纳凉。一阵风吹过，几朵槐花飘落下来，其中一朵恰好落在
le fēi fēi de shǒu li
了菲菲的手里。

xī xī huái huā zhēn xiāng ya fēi fēi ná qǐ luò zài shǒu li de huái huā fàng zài bí zi qián wén le wén
　　"嘻嘻——槐花真香呀！"菲菲拿起落在手里的槐花放在鼻子前闻了闻。

huái huā néng chī de nǐ cháng chang tè tè shuō
　　"槐花能吃的，你尝尝。"特特说。

zhēn de ma fēi fēi bàn xìn bàn yí de bǎ nà duǒ huái huā fàng jìn le zuǐ li ng zhēn tián ya
　　"真的吗？"菲菲半信半疑地把那朵槐花放进了嘴里，"嗯，真甜呀！"

zán men zhāi yī xiē huái huā wǎn shang ràng wài pó gěi zán men zuò huái huā xiàn de bāo zi chī ba tè tè shuō
　　"咱们摘一些槐花，晚上让外婆给咱们做槐花馅的包子吃吧！"特特说。

hǎo ya fēi fēi gāo xìng de huí dá
　　"好呀！"菲菲高兴地回答。

3

※ 初候：蝼蝈鸣 ※

蝼蝈，通称蝼蛄，俗名叫"拉拉蛄"，生活在土壤的洞穴里。随着立夏节气的到来，蝼蝈开始鸣叫。

※ 二候：蚯蚓出 ※

蚯蚓常年居于地下，到了立夏时节，气温升高，蚯蚓会钻出来透透气。

※ 三侯：王瓜生 ※

王瓜是华北特产的爬藤植物，在立夏时节快速攀爬生长，到了六七月会结出红色的果实。

立夏三候

初候，蝼蝈鸣

二候，蚯蚓出

三侯，王瓜生

4

吃过晚饭，外公给特特和菲菲讲了一个故事：相传蜀国被灭以后，晋武帝司马炎掳走了刘阿斗。孟获每年立夏都会去看望阿斗，他扬言如果晋武帝亏待阿斗，就要起兵反晋。所以，孟获每次去看望阿斗都要称一称他的重量，以验证他是否被晋武帝亏待，而阿斗每年都会比上一年重几斤。阿斗虽然没有什么本领，但有孟获立夏称人之举，晋武帝也不敢欺侮他。百姓们希望像阿斗一样过得清静安乐，就有了立夏称人的习俗。

※ 立夏农事 ※

立夏时节，春季播种的种子正处在出苗期，而杂草和害虫也在此时繁殖旺盛，所以，防虫除草一天都不能耽误。

※ 斗蛋游戏 ※

在南方，立夏有吃蛋、挂蛋的习俗。将煮好的鸡蛋装进彩绳编织的网里面挂在孩子的胸前，借此希望免除病灾。而孩子们则喜欢用鸡蛋互相撞击玩斗蛋游戏，谁的鸡蛋不会被撞破，谁就获胜。

小满

五绝·小满

宋·欧阳修

夜莺啼绿柳，
皓月醒长空。
最爱垄头麦，
迎风笑落红。

xiǎo mài zhǎng de zhēn kuài　jiān jiān de mài máng xià miàn shì zhèng zài zhú jiàn bǎo mǎn de mài suì　rén men zài tián jiān máng lù zhe　chóng niǎo zài tián biān
小麦长得真快，尖尖的麦芒下面是正在逐渐饱满的麦穗。人们在田间忙碌着，虫鸟在田边

míng jiào zhe　tè tè zuò zài yī kē dà shù xià xiě shēng　fēi fēi zuò zài páng biān yī shēng bù xiǎng de kàn zhe gē ge huà huà
鸣叫着。特特坐在一棵大树下写生，菲菲坐在旁边一声不响地看着哥哥画画。

小满

小满的时间在 5 月 20 日～ 5 月 22 日之间。小满的意思是指夏季成熟作物的籽粒开始饱满，但还未成熟，如北方的小麦从小满开始灌浆。"满"在南方用来形容雨水的盈缺。

太阳到达黄经 60°

※ 记录 ※

请你记录下今年小满的时间和气温。

今年小满的时间是：

☐☐☐☐ 年

☐☐ 月 ☐☐ 日

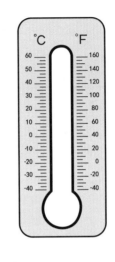

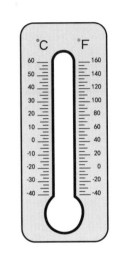

最高气温：_____℃　　最低气温：_____℃

※ 节气农事 ※

在北方，小满前后十来天正是小麦生长、成熟的关键期，要预防干旱风和突如其来的雷雨、大风的袭击。在南方，小满正是适宜水稻栽插的季节，需要特别注意抓好田里的蓄水、保水工作。

※ 谚语 ※

小满小满，麦粒渐满。

这天，特特和菲菲发现村外的池塘里长出了几片荷叶，有的舒展开了，有的刚冒出尖尖的角。几只蜻蜓飞来飞去，不时地停在荷叶上休息。特特想起学过的一首诗，不禁吟诵起来：

"小荷才露尖尖角，早有蜻蜓立上头。"

小满三候

初候，苦菜秀
二候，靡草死
三候，麦秋至

※ 初候：苦菜秀 ※

苦菜是一种常见的野菜，它的适应性很强，在田间、路旁均能生长。

※ 二候：靡草死 ※

小满时节，天气渐渐炎热，枝叶纤细的靡草在此时开始衰败、枯萎。

※ 三候：麦秋至 ※

秋，是百谷成熟、收获的季节。小满时麦粒逐渐饱满，即将成熟，虽然正值盛夏，但对麦子来说，就相当于收获的"秋季"了。

fēi fēi gēn zhe wài pó lái dào shān pō shang wā yě cài
菲菲跟着外婆来到山坡上挖野菜。

zhè kē yě cài néng chī ma　　fēi fēi bá xià yī kē yě cài wèn dào
"这棵野菜能吃吗？"菲菲拔下一棵野菜问道。

zhè kē bù néng chī　　zhè shì zá cǎo　　　wài pó xiào hē hē de ná qǐ zì jǐ wā de yě cài shuō　　xiàng zhè yàng de kǔ cài shì
"这棵不能吃，这是杂草。"外婆笑呵呵地拿起自己挖的野菜说，"像这样的苦菜是

néng chī de yě cài
能吃的野菜。"

fēi fēi diǎn dian tóu　　cān zhào zhe wài pó wā de yě cài yòu zhǎo le qǐ lái
菲菲点点头，参照着外婆挖的野菜又找了起来。

※ 蚕结茧 ※

蚕在结茧前会变得安静，不再吃桑叶，身体开始变胖、发亮。蚕茧，是由蚕身体里的丝腺分泌出来的丝织成，是蚕蛹期的保护物。蚕茧，是丝绸制品的主要原料。

※ 祭蚕 ※

在古代种桑、饲蚕占有重要地位。相传小满这天是蚕神的诞辰，因此，江浙一带在小满期间会到蚕神庙祭拜，祈求蚕茧丰收，又称为祈蚕节。

芒种

观刈麦（节选）

唐·白居易

田家少闲月，

五月人倍忙。

夜来南风起，

小麦覆陇黄。

jīn huáng de mài tián yī wàng wú jì   yuǎn chù jǐ kuài zǎo shú de mài tián yǐ jīng kāi shǐ shōu gē le   wài gōng hé wài pó zhòng de xiǎo mài hái méi shú

金黄的麦田一望无际，远处几块早熟的麦田已经开始收割了。外公和外婆种的小麦还没熟

hǎo   xū yào zài děngshàng jǐ tiān cái néngshōu gē

好，需要再等上几天才能收割。

芒种

"芒"指大麦、小麦等有芒作物成熟了；"种"指谷类作物开始播种了。"芒种"也可称为"忙种"，忙着收割，忙着播种。芒种的时间在6月6日前后。随着芒种的到来，农民们开始了一年中最为忙碌的田间生活。

太阳到达黄经 75°

※ 记录 ※

请你记录下今年芒种的时间和气温。

今年芒种的时间是：

□□□□ 年

□□ 月 □□ 日

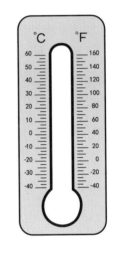 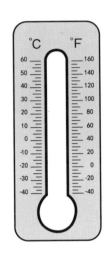

最高气温：____℃ 最低气温：____℃

※ 节气农事 ※

对中国大部分地区来说，芒种是一年当中最忙的季节，此时夏熟作物（如小麦）要开始收获，接着要播种秋熟作物（如玉米、大豆等），并且春种的庄稼（如棉花、花生等）要管理，因此，收获、播种、管理等工作都集中在这个时间。

※ 谚语 ※

芒种芒种，连收带种。

午后，晴朗的天气突然转阴，"轰隆隆——轰隆隆——"响起了阵阵的雷声。这可把外公和外婆急坏了，因为麦收的时候到了，最怕的就是狂风暴雨导致成熟的小麦颗粒无收。

"嗡嗡嗡——嗡嗡嗡——"联合收割机开进了麦田里，一边收割麦秸，一边脱粒，十来分钟的工夫小麦就收割完啦！

恰在此时，豆大的雨点"噼里啪啦"地落下来，开始下雨了。

"下吧，下吧，收割完的土地正好需要一场雨水浇灌。"外公舒展开眉头，高兴地说。

"是啊！下了这场雨，我们就可以播种玉米啦！"外婆也开心地说道。

※ 初候：螳螂生 ※

螳螂妈妈在上一年深秋产的卵现在破壳生出了小螳螂。螳螂主要捕食蝇、蚊、蝗虫及其卵、幼虫等，是农业害虫的天敌。

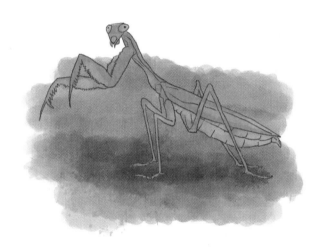

※ 二候：鵙（jú）始鸣 ※

鵙，指伯劳鸟。伯劳鸟在芒种的时候开始鸣叫。

※ 三侯：反舌无声 ※

反舌鸟在春天最活跃，鸣声婉转，高低抑扬，但到了芒种的时候却不怎么鸣叫了。

tè tè hé fēi fēi cóng wàimiàn huí lái　　kàndàoménshang chā zhe yī bǎ cǎo　　fēi fēi nà mèn de wèn　　wài pó　ménshangchācǎogànshénme
特特和菲菲从外面回来，看到门上插着一把草，菲菲纳闷地问："外婆，门上插草干什么？"

zhè shì ài cǎo　　zhèng zài ménkǒu zuò zhēnxiànhuór　de wài pó tái tóushuōdào　　duān wǔ jié kuàidào le　chāshàng ài cǎo qū wén　fángchóng
"这是艾草。"正在门口做针线活儿的外婆抬头说道，"端午节快到了，插上艾草驱蚊、防虫。"

xiǎo háir　　hái yào dài shàngzhè ge　　wài pó jiāngfénghǎo de liǎng gè xiāngbāo gěi tè tè hé fēi fēi dài shàng
"小孩儿还要戴上这个。"外婆将缝好的两个香包给特特和菲菲戴上。

hǎoxiāng a　　tè tè wén le wénshuōdào　zhè lǐ miàn shì shénme
"好香啊！"特特闻了闻说道，"这里面是什么？"

shì cǎoyào　　wài pó shuō　chuánshuō dài shàngxiāngbāonénggǎn zǒu wēn yì　　xī wàng nǐ men liǎ zhè ge xià tiān jiàn jiàn kāngkāng de
"是草药！"外婆说，"传说戴上香包能赶走瘟疫，希望你们俩这个夏天健健康康的。"

※ 端午节 ※

农历五月初五是端午节，一般在芒种前后。端午节这天，人们有包粽子、赛龙舟的习俗。

※ 包粽子 ※

粽子，用苇叶包裹糯米和一些馅料蒸或煮熟而成，是中华民族传统节庆食物之一。

※ 赛龙舟 ※

赛龙舟是一种竞渡游戏，即几个人一组在鼓声中划动刻成龙形的独木舟，进行比赛。

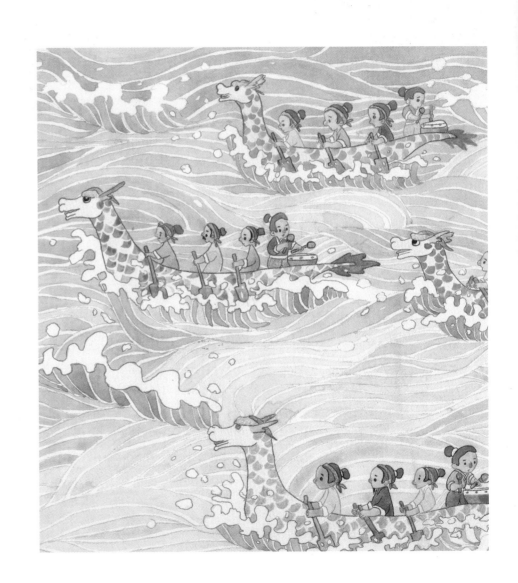

夏至

约客

宋·赵师秀

黄梅时节家家雨，
青草池塘处处蛙。
有约不来过夜半，
闲敲棋子落灯花。

"外婆，今天吃什么？"特特问。

"吃面条！"外婆端着几碗面条从厨房走出来说道，"今天是夏至，'冬至饺子，夏至面'。"

"太好了！我最喜欢吃外婆做的凉面了！"菲菲开心地说。

"我可有点不太喜欢吃！"特特吐吐舌头说，"看在今天是夏至的份儿上就勉强吃一碗吧！"

19

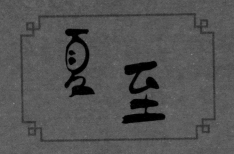

夏至

夏至，时间在 6 月 21 日或 22 日。夏至这天，太阳直射地面的位置到达一年的最北端，几乎直射北回归线。我国所在的北半球白天的时间达到全年最长，黑夜的时间最短。夏至一过，白天的时间就一点点地短起来。

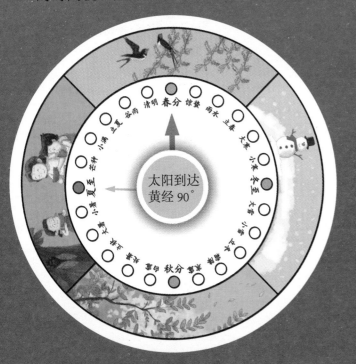

太阳到达黄经 90°

※ 记录 ※

请你记录下今年夏至的时间和气温。

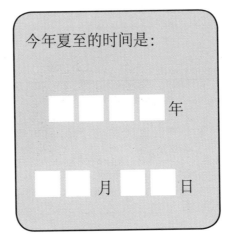

今年夏至的时间是：

☐☐☐☐ 年

☐☐ 月 ☐☐ 日

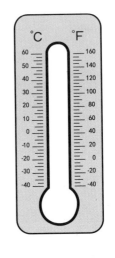

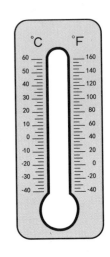

最高气温：＿＿℃　　最低气温：＿＿℃

※ 节气农事 ※

夏播的农作物长出了幼苗，除了定期除草、除虫、施肥、灌溉之外，还需要定苗、掐尖、打杈等田间管理，以保证农作物良好地生长。

※ 谚语 ※

吃了夏至面，一天短一线。

wài pó zài dì li máng zhe gěi gāng zhǎng chū lái de yù mǐ miáo jiàn miáo
外婆在地里忙着给刚长出来的玉米苗间苗。

fēi fēi wèn wài pó wèi shén me yào bá diào zhè xiē yòu miáo a
菲菲问："外婆，为什么要拔掉这些幼苗啊？"

yīn wèi yù mǐ miáo zhǎng de tài duō le tā men jǐ yì qǐ bù hǎo hǎo zhǎng
"因为玉米苗长得太多了，它们挤一起不好好长！"

wài pó zhǐ le zhǐ yí kuài miáo xī de dì fang shuō bá xià lái de miáo kě yǐ bǔ zhòng zài
外婆指了指一块苗稀的地方说，"拔下来的苗可以补种在

quē miáo de dì fang
缺苗的地方。"

※ 初候：鹿角解 ※

夏至前后，正是鹿角自然脱落的时候。
鹿角脱落后，很快就会长出新的角。

※ 二候：蜩（tiáo）始鸣 ※

蜩，就是蝉，也叫知了。夏至到来，天气闷热，树上的蝉"知了——知了——"地鸣叫起来。会鸣叫的是雄蝉，它们的腹部有一个发声器，能连续不断地发出响亮的声音。

※ 三候：半夏生 ※

半夏是一种植物，它的地下块茎是一种药材，有止咳化痰的功效，生长在夏至前后。因此时夏天差不多过去了一半，所以叫半夏。

“真倒霉，淋了个落汤鸡！”特特生气地说，“这雨是在捉弄我吗？刚出校门就下雨，刚到家就停了！”

“哈哈哈，现在的天气就这样，说下就下，说停就停。有时候出着太阳还下雨呢！”外婆边说边用毛巾给特特擦头。

23

※ 少吃肉，多吃菜 ※

夏至后，气温逐渐升高，饮食要以清泄暑热、增进食欲为目的，因此，要多吃绿叶菜和水分多的瓜果。

※ 东边日出西边雨 ※

夏至以后太阳光照强，地面附近的热空气上升，高空的冷空气下降，空气对流强烈，易形成雷阵雨天气。这种热雷雨骤来疾去，降雨范围小。唐代诗人刘禹锡曾巧妙地借喻这种天气，写出"东边日出西边雨，道是无晴却有晴"的著名诗句。

外公划着竹筏带特特和菲菲到村外的池塘里看荷花。一朵朵盛开的荷花从池塘的水里冒出来，在绿色荷叶的映衬下显得十分漂亮。

小暑

晓出净慈寺送林子方

宋·杨万里

毕竟西湖六月中，

风光不与四时同。

接天莲叶无穷碧，

映日荷花别样红。

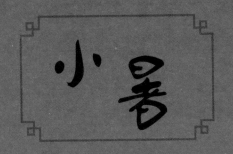

小暑，时间在 7 月 7 日或 8 日。暑，表示炎热的意思。也就是说天气开始炎热起来，但还没到最热的时候。

※ 记录 ※

请你记录下今年小暑的时间和气温。

今年小暑的时间是：

□□□□ 年

□□ 月 □ 日

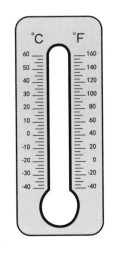 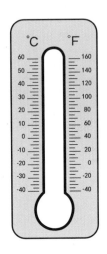

最高气温：____℃ 　最低气温：____℃

※ 节气农事 ※

小暑时节，天气变化无常，除了做好夏播作物的除草、追肥、整枝、授粉等田间管理工作外，还要注意预防洪涝和冰雹等自然灾害。

※ 谚语 ※

小暑大暑，上蒸下煮。

xiǎo shǔ de shí hou tiān qì shí fēn yán rè   wài gōng hé wài pó yào bì kāi zuì rè de
小暑的时候天气十分炎热，外公和外婆要避开最热的

zhōng wǔ   xuǎn zé zǎochen hé bàngwǎn de shí hou xià dì gànnónghuó
中午，选择早晨和傍晚的时候下地干农活。

　　jīn tiān   wài gōng hé wài pó yī dà zǎo jiù lái dàomián huā dì li zhěng zhī   chú
　　今天，外公和外婆一大早就来到棉花地里整枝、除

cǎo   xiàn zài zhèng shì mián huā kāi huā   jiē mián líng de shí hou   chú le chú cǎo   chú chóng   shī
草。现在正是棉花开花、结棉铃的时候，除了除草、除虫、施

féi wài   hái yào bǎ bù zhǎngmián líng de duō yú zhī chà dǎ diào   zhè yàng   mián líng cái néng fēn
肥外，还要把不长棉铃的多余枝权打掉，这样，棉铃才能分

dàogèngduō de yǎng fèn   cái néngzhǎng de dà   zhǎng de hǎo
到更多的养分，才能长得大、长得好。

※ 初候：温风至 ※

随着小暑的到来，刮的风都是温热的，意味着炎热的时候到了。

※ 二候：蟋蟀居宇 ※

小暑节气，天气炎热，地面温度升高，在草丛里居住的蟋蟀也跑到墙角下阴凉的地方避暑了。

※ 三侯：鹰始鸷（ zhì ）※

鸷，是凶猛的意思。老鹰飞向清凉的高空，变得更加凶猛。

28

"外婆，我们放暑假啦！"特特开心地背着书包跑进门。

"这下你可以痛痛快快地玩啦！"外婆说。

"嗯，不光是玩，我还做了暑假计划呢！"特特说，"每天写一篇观察日记，下地帮您和外公干活，带菲菲做一个有趣的科学实验……"

外婆听了直夸特特长大了。

※ 三伏天 ※

在小暑前后会进入三伏天，分为初伏、中伏和末伏，是一年中气温最高且又潮湿、闷热的天气。

※ 防暑降温 ※

小暑时节，天气炎热，易发生中暑。所以，人们外出要做好防暑工作，带好遮阳伞、遮阳帽等工具，并尽量避开午后太阳热辣时外出。

※ 晒冬衣 ※

小暑时节，阴雨连绵，空气潮湿，房间里的东西容易生虫、发霉。所以，要在天气晴好的时候把冬衣拿出来晒晒。除了晒冬衣，还可以晒一晒米面、书本等其他一些容易发霉的东西。

zhōng wǔ zhī liǎo zài shù shang zhī liǎo zhī
中午，知了在树上"知了——知
liǎo de jiào gè bù tíng chǎo de tè tè hé fēi
了——"地叫个不停，吵的特特和菲
fēi shuì bù zháo tā men liǎ suǒ xìng pǎo dào yuàn zi li de
菲睡不着，他们俩索性跑到院子里的
shù yīn xià chéngliáng
树荫下乘凉。

大暑

夏夜追凉

宋·杨万里

夜热依然午热同，
开门小立月明中。
竹深树密虫鸣处，
时有微凉不是风。

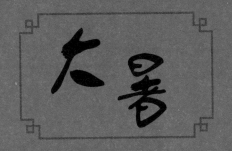

大暑

大暑，时间在7月22日～24日左右。相对于小暑来说，大暑更为闷热，正值"三伏天"里的中伏前后，是一年中气温最高的时期，也是农作物生长最快的时期。此时，因冷热空气对流强烈，洪涝、干旱、暴风等各种气象灾害也最为频繁。

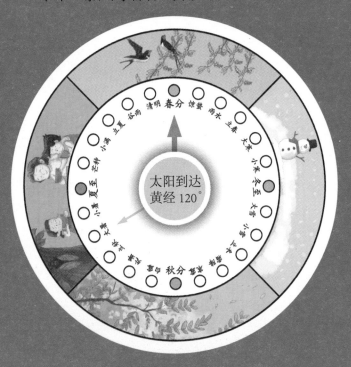

太阳到达黄经120°

※ 记录 ※

请你记录下今年大暑的时间和气温。

今年大暑的时间是：

□□□□ 年

□□ 月 □□ 日

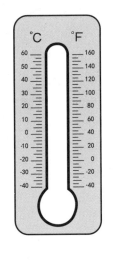 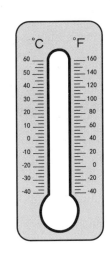

最高气温：_____℃　　最低气温：_____℃

※ 节气农事 ※

大暑期间的高温是正常的气候现象，此时，如果没有充足的光照，喜温的农作物生长就会受到影响。大暑正是早稻成熟的时候，在风雨来临前农民抓紧时间收割早稻，确保丰收。

※ 谚语 ※

大暑不暑，
五谷不鼓。

tiān qì tài rè le   wài pó gěi tè tè hé fēi fēi qiē le xī guā
天气太热了，外婆给特特和菲菲切了西瓜。

tè tè   fēi fēi chī xī guā la   wài pó shuō   chī le xī guā jiě kě yòu xiāo shǔ
"特特、菲菲吃西瓜啦！"外婆说，"吃了西瓜解渴又消暑。"

fēi fēi ná qǐ yī kuài yǎo le yī dà kǒu shuō   wā zhè ge xī guā zhēn tián
菲菲拿起一块咬了一大口说："哇，这个西瓜真甜！"

tè tè gù bù shàng shuō huà   yī kǒu qì lián chī le liǎng kuài
特特顾不上说话，一口气连吃了两块。

※ 初候：腐草为萤 ※

萤，指的是萤火虫。萤火虫分为水生类和陆生类两种，陆生的萤火虫将卵产在潮湿的草丛中孵化出萤火虫。古人便误认为萤火虫是由腐烂的草变化而成。

※ 二候：土润溽暑 ※

溽暑，指湿热的盛夏。大暑的时候，天气开始变得闷热，土地也很潮湿，湿热的空气笼罩着大地，好像一个蒸笼。

※ 三候：大雨时行 ※

大暑时，时常有大雨、暴雨出现，雨后能缓解一些空气中的闷热。

zhè jǐ tiān bà ba mā ma bù shàng bān dài quán jiā rén yī qǐ dào hǎi biān bì shǔ lǚ xíng liángliáng
这几天，爸爸、妈妈不上班，带全家人一起到海边避暑旅行。凉凉
de hǎi fēng chuī dào shēn shang zhēn shū fu a tè tè hé fēi fēi yī huìr zài qiǎn shuǐ li xì shuǐ yī huìr zài
的海风吹到身上真舒服啊！特特和菲菲一会儿在浅水里戏水，一会儿在
shā tān shang wā bèi ké duī shā duī wán de shí fēn kāi xīn
沙滩上挖贝壳、堆沙堆，玩得十分开心！

※ 预防中暑 ※

高温天气尽量不选择正午出门，要劳逸结合，保证充足睡眠。由于天气炎热，人体的水分蒸发消耗过快，需要及时补充水分，如喝一些白开水、绿豆汤、菊花茶等。出汗较多的时候可以喝一些淡盐水，以维持身体的电解质平衡，避免脱水。

※ 酸梅汤 ※

酸梅汤清凉爽口、健脾开胃、提神醒脑，是炎炎夏日最佳的消暑饮品。酸梅汤是将乌梅、山楂、桂花、甘草、冰糖等材料一起熬制而成，冰镇后饮用口感更好。

请你猜猜上面一排物体从哪里来？从下面一排物体中找出来，并用线连起来吧。

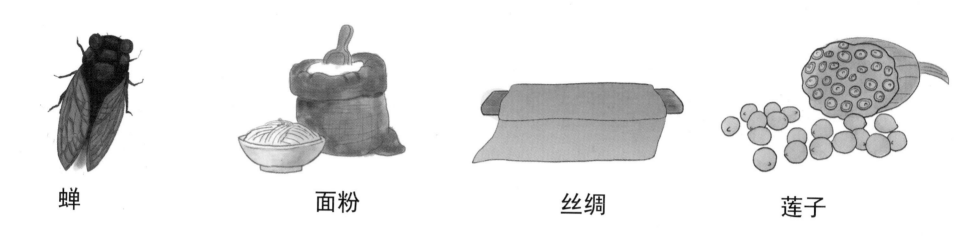

蝉　　　　　　　面粉　　　　　　　丝绸　　　　　　　莲子

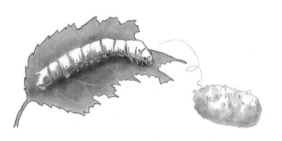

小麦　　　　　　蝉皮　　　　　　　荷花　　　　　　蚕、蚕茧

※ 游戏乐园 ※

请你说出下面这些图案的名称，并用线和对应的节气名称连起来。

| 立夏 | 芒种 | 小满 | 小暑 | 大暑 | 夏至 |

38